一学就会

手工娃娃DIY

东华大学出版社

内容简介

　　本书中含9款共11个手工娃娃，从锥形台身体的娃娃，到挂件类的迷你小娃娃，从无腿的美人鱼娃娃到曲线玲珑的美胸娃娃，无不倾注了作者的精心设计。另外，书后特意配上了1:1的图纸，更方便大家动手把这样可爱的娃娃制作出来。

图书在版编目（CIP）数据

　　一学就会：手工娃娃DIY / 冬雨　著. —— 上海：东华大学出版社，

2013.11

　　ISBN 978-7-5669-0368-6

　　Ⅰ. ①一… Ⅱ. ①冬… Ⅲ. ①手工艺品 – 制作

Ⅳ.①TS973.5

　　中国版本图书馆CIP数据核字(2013)第233614号

责任编辑：库东方

版式设计：唐　蕾

封面设计：魏依东

一学就会——手工娃娃DIY

冬雨　著

魏彪　摄影

出　　版：东华大学出版社（上海市延安西路1882号，200051）

本社网址：http://www.dhupress.net

天猫旗舰店：http://dhdx.tmall.com

营销中心：021–62193056　62373056　62379558

印　　刷：深圳市彩之欣印刷有限公司

开　　本：787mm×1092mm　　1/16　　印　张：7.5

字　　数：260千字

版　　次：2013年11月第1版

印　　次：2013年11月第1次印刷

书　　号：ISBN 978-7-5669-0368-6/TS•438

定　　价：36.80元

目录

前言

一转眼，娃娃已经有整整六年头了，时间之久，算是娃娃圈内比较少的，但却丝毫没有减弱对娃娃的兴趣，相反还越陷越深。每当有朋友问我最喜欢自己的哪款娃娃时，我的回答总是：我是个"喜新厌旧"的人，每次新设计出的娃娃，自己都最喜欢，但是过段时间，就不觉得她最漂亮了，接着又开始手痒痒、心痒痒，要做新款。总之，用娃娃圈里的话来说就是：中（娃娃）毒不浅。

在此，冬雨一如既往感谢喜欢自己作品的各位娃迷，还有我的家人，你们的支持对我很重要，谢谢！另外特别鸣谢为本书成品摄影的好友魏彪，为了给娃娃拍出靓照，不畏严寒酷暑，不辞辛苦，很用心地对待我的每一个作品，感谢感谢！

冬雨，实名胡钰，湖北人。
网店：http://dongyudiy.taobao.com
博客：http://blog.sina.com.cn/dongyudiy

2005年开始学习纸艺花。

2006年开始制作韩国娃娃。

2007年出版《创意娃娃DIY》、《实用布艺小品》等手工书；为台湾《生活聪明王296个居家小智慧》一书制作道具娃娃；《看达人，玩创意》被淑女屋季刊《花事》等媒体报道。

2008年开始专职手工娃娃设计。开始学习粘土制作，获得台湾粘土初级讲师资格证。

2009年获得粘土中级讲师资格证。

2011年出版《婚纱娃娃》。

如果需要本书电子版图纸，请至作者博客下载。

工具材料针法及其他介绍

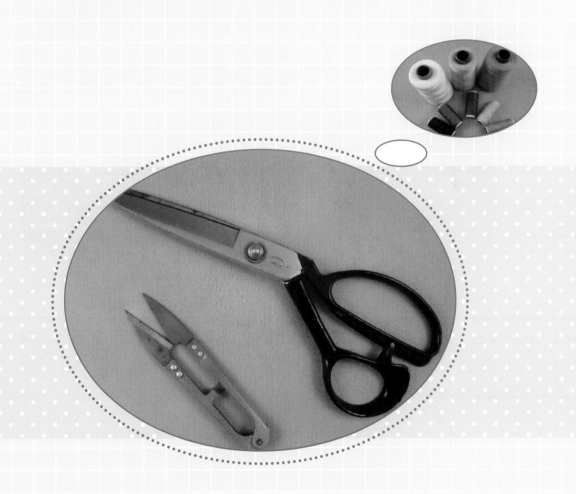

材料与工具

● 纯棉布

是本书中所有的娃娃首选
的皮肤布，弹力适中，使用时
请将弹力方向横放。因为表面
光滑，所以适合做韩国娃娃等
精细的娃娃。

● 边纶布

正面有毛绒，反面为光面，一般用
来做大型的或是Q版味道浓厚的娃娃。
因其有毛绒，不推荐用来做韩国娃娃。

● 各种面料

棉布、亮缎、雪纺、纱等都可以
作为娃娃衣服的面料，材质不限，主
要是符合自己所设计娃娃的风格和需
求即可。

● 花边

　　风格和花纹各异的花边，用来装饰娃娃的衣服。

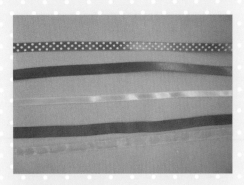

● 缎带和纱带

　　用来包边或者做娃娃的配饰。

● 缝纫线

　　手工缝制或者机缝，最好都选用较细的缝纫线。

● 填充棉

　　用来填充娃娃身体或者其他需要填充的配饰，本书中的娃娃填充料，不推荐使用米粒状的填充棉，因为容易造成填充不平整。

● 假发

　　各种款式的娃娃专用假发，具有光泽好和质感与真发相仿的优点。

● 毛线

　　各种毛线都可以用来做娃娃头发，具有易造型、新手易入门的优点。

● 配件

　　金属片、小玉器、小花朵都可以用来装饰娃娃。

● 珠子及亮钻

　　各种大小和颜色的珠子及平底钻，是用来装饰娃娃的最常用配件。

● 定位笔

　　经常用的是双头消去笔和白色或银色水消笔，前者用来在浅色布上画线，一端画，另一端可以涂掉，错了也可以纠正，免去了用水洗的麻烦，比较灵活；后者用来在黑色等深色布上画线用，印迹为白色或银色，需用水才可洗掉印迹。

● 针及针插

　　手缝针和珠针。手缝针一般要选用较细，尤其是针鼻处较细的针；珠针一般用来定位要缝在一起的两片布，使其不再走位。手缝针和珠针暂时不用时，可以插在一个由填充棉做成的布球上，以免丢失，取用也方便。这个布球就是针插，也可以动手自己做。

● 剪刀

　　裁布的专用剪刀和专门用来剪线头的小型剪刀，是做娃娃的得力工具。

● 胶

　　热熔胶枪（配合胶棒使用）和UHU胶水，都是粘娃娃头发时使用，如果需要粘着的强度大，建议选择前者。另外，柄上带开关的胶枪使用起来更为方便。

● 颜料及中性笔

　　画娃娃的五官，可使用丙烯颜料或者中性笔，如需颜色比较丰富，建议选择多色盒装的丙烯颜料。

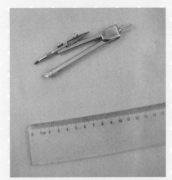

● 圆规直尺

　　画圆或者直线。

● 腮红

　　成人用的腮红即可拿来给娃娃脸上涂腮红。

● 支架

　　大小不同的支架可以帮助高度不同的娃娃站立的更加稳当。

 注意点

1. 本书附录部分为所有作品 1:1 图纸，请读者朋友裁剪布片时使用。

2. 实际操作中的布上画线均为消去笔画线，为了使书中图片更清晰直观，所以作者制作过程中使用的是水笔。

3. 衣服或者配饰的缝制，一般采用与材料同色的缝纫线，为使读者更容易看出线迹，作者制作时特意选择其他颜色缝线。

4. 返口：将两片布正面相对，周边缝合，留下一段距离不缝，形成小口，然后从这个口子将布翻到正面，这个小口就叫做返口，比如做娃娃身体时的塞棉口。

5. 缝份：也叫"缝头"，就是要缝线离布边的那段距离，一般是为防止布边过度脱丝而留。缝份说通俗一点就是布边。

6. 布的边缘处理：若是化纤或是化纤含量较高的布料，一般采用将布边在烛火边快速走过烧结的办法，来防止脱丝。在每款娃娃的制作中不再赘述。

7. 制作过程中所说到的用胶粘，一律指热熔胶（胶枪配合胶棒使用，如果没有胶枪，可以将胶棒一端在烛火中烧熔化后快速涂抹按压），热熔胶干得较快，所以粘时动作要快。

8. 本书中的个别娃娃成品展示和制作过程中使用的布料花色有所不同，但是制作方法是一样的。

常用针法

对针

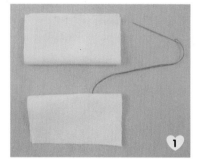 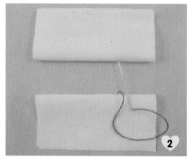 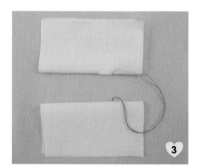

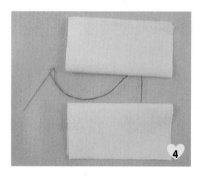 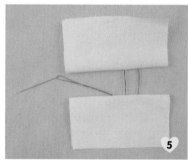 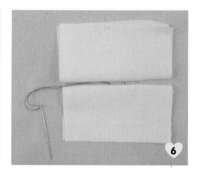

对针也叫弓字针，是很规整的一个针法，最大的特点就是能很好地隐藏线迹。

对针一般用来缝合返口（比如身体头部的塞棉口），缝前需要将要对接的两片布布边折向背面，以后的缝线基本都在折痕内走。如图1、图2所示两片布平行，先从一片布的折痕内入针，扎出后，垂直于布边扎入另片布的折痕处，然后针在折痕内前进几毫米后出针。

如图3至图6，再垂直进入第一片布，针在折痕内前进几毫米出针，再垂直进入另一片布……如此循环，最后拉紧线，两片布的折痕就贴合在一起，这样布就对接成功。从外面看，很难看出线迹。

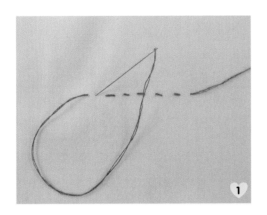

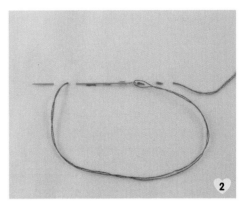

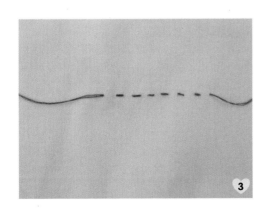

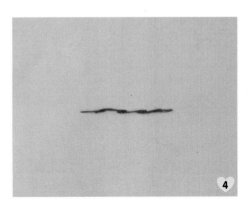

回针也是一个很基础的针法，如图1、图2所示，先前进一步，然后倒退一下入针，再前进出针。

这种针法缝好后，表面看跟平针一样，但其实从背后看（图4）却有很大不同。

特点：每针完成之后，之前的缝线就不能再拉动了，有更牢的定位效果。鉴于此特点，回针也常用来做最后的收针。

平针

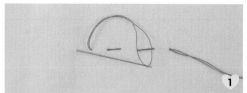

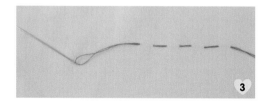

平针是广泛使用的一个基础针法，也称为跑步针，就像跑步一样均匀前进。

平针可以如图 1 至图 2 所示那样入针出针一次完成，也可以入针后，再从背面入针，从表面扎出，这样会更精细。

收针

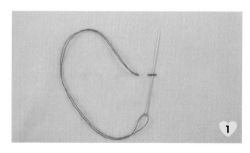

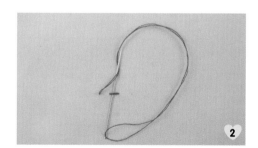

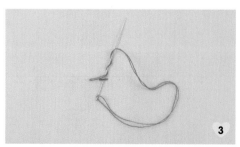

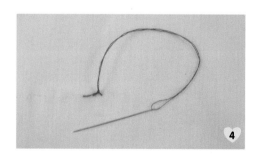

收针的方法有多种，回针也可以用来收针。

这里介绍的是我们的外婆奶奶辈经常用的一种收针方法，给人的感觉是很牢靠。

如图 1 至图 4 所示，针先从隔壁的那一针的缝线中穿入，然后把针上带的缝纫线绕几圈在针上，之后拔出针、拉紧线，这样刚才绕的线就打了一个较牢的结，然后剪断缝纫线即可。

眼睛画法

画眼睛可以选择丙烯颜料或者中性笔。如果需要多色，比如画蓝色，绿色瞳仁，那么就需要选择丙烯颜料了。使用时需要用少量水调和，以小毛笔来描画。水太多，会在脸上晕开；水太少，则很难画出。另外丙烯颜料还有个好处，如果局部画错了，可以用颜料调肤色遮盖，然后再重画。肤色的调色是白色颜料加上一点点红色和黄色颜料。调出后可以先涂在娃娃身体掩盖在衣服下面的部位看一下色差，合适的话再涂在画错的地方。

另外，冬雨喜欢在做好娃娃发型之后再给娃娃画眼睛，读者朋友们也可以选择先给娃娃画眼睛再做发型。

下面要讲的是卡通式的眼睛画法，如果画一条线似的笑眼，如图1、图2所示，位置可以直接在横向十字线稍靠下，如果需要画嘴巴，那么眼睛的位置需要适当调高。

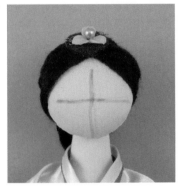

① 先用双头消去笔在脸部画出居中的十字。

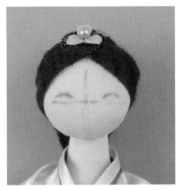

② 描画出眼睛的上眼皮弯线。

② 用消去笔的另一端将十字线涂掉。

④ 继续描画出眼睛的大致外轮廓。

⑤ 用颜料或者中性笔描出具体的轮廓。

⑥ 以消去笔的另一端涂掉所有的紫色划线。

⑦ 细描眼睛的外轮廓，适当加粗。

⑧ 填充轮廓内的部分，如果用中性笔，则不要全部涂黑，需留出点空白位置作为高光点，如果用丙烯颜料，则全部涂黑。

⑨ 如有白色颜料，就在上方涂成纯黑，然后点上白色颜料作为高光点，这样眼睛会有神采，注意白点不要太大了，否则就会显得空洞。

⑩ 画出娃娃的双眼皮。

⑪ 画出睫毛。

⑫ 最后以海绵棒蘸取少许腮红，涂抹在娃娃脸蛋上。

美人鱼针线盒

1️⃣ 找家里废弃的圆盒一个，本制作中所用为高约 7cm，底部外直径约 9cm 的化妆品的圆盒，不需盖子。如果你的盒子跟此尺寸有所出入，制作时可将对应的图纸尺寸稍做调整。

2️⃣ 剪取一段长为 40cm、宽为 5cm 的湖水蓝色亮段布条。

3️⃣ 将布条的两条短边对齐（布的正面相对），用平针缝合。

4️⃣ 缝好后的效果。

5️⃣ 再将布的两条长边对齐，沿着边缘，用平针缝合。

6️⃣ 缝一圈后，将线稍微抽紧，使布皱起。

7️⃣ 然后套在圆盒的上端螺口位置，将缝纫线再次抽紧、收针。

8️⃣ 整理均匀皱褶，必要的地方用热熔胶将布和盒子粘在一起。

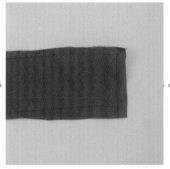

⑨ 另外剪取一个长为30cm、宽为5.5cm的同色布条，周围留约5mm缝份。

⑩ 两条长边的缝份要沿着划线折向背面，用针线缝好。

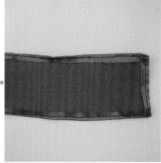

⑪ 两条短边中的其中一条短边，其缝份也要折向背面缝好。

⑫ 然后将这个长方形布条围着圆盒的盒体一周。

⑬ 将两端交叠，其中折入了缝份的那条短边在上面，压住另外一端，然后以对针缝合。

⑭ 再用针线以对针将这个布条的上圈长边和第8步中的皱褶挂缝，使它们互相固定。

⑮ 缝好后的效果。

⑯ 剪出如图所示的水晶纱，整个形状像是个有六个花瓣的花朵。将布片在烛火边处理一下。

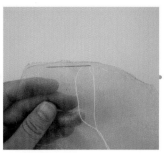

⑰ 将每相邻两个花瓣的相邻的那两条弧线对齐用平针缝合、针脚稍大，注意不要剪掉缝线。

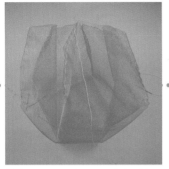

⑱ 这是都缝好后的侧面效果。

⑲ 这是俯视效果图。

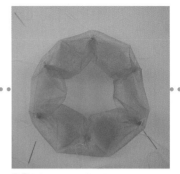

⑳ 抽紧这六条缝线。

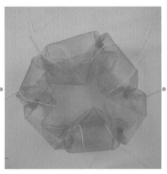

㉑ 这是翻到正面后的俯视图。

㉒ 将先前装饰好的盒体放入正中。

㉓ 收针、剪掉针线,并将每个收针的位置用热熔胶粘在盒子上。

㉔ 用同样方法可以再做一层其他色的纱,这样有层次感。

㉕ 剪取一片比盒子的开口直径大 5~8mm 的硬的圆形纸板。

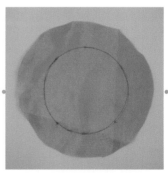

㉖ 将此圆纸板描画在金色布的背面,周围留约 2cm 的布边,剪下。

27 将边缘折入宽约为 4mm 的布边，用针线以平针缝一圈。

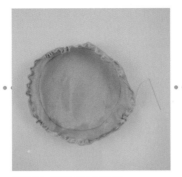

28 然后稍微抽紧线。

29 将圆形纸板放入正中。

30 继续抽紧线，使布松松地包裹住圆纸板。

31 往圆纸板和布之间塞棉。

32 之后再抽紧线，使布紧裹纸板，收针。

33 从正面看就是稍微鼓起的样子。

34 再在其上用同样方法裹一层紫色水晶纱的布料。

35 这是背面效果。

36 剪取一片比原先的圆纸板稍小一点的圆形不织布片。

37 将其粘在底部，这样盒子的盖子就做好了。

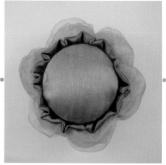

38 这是盖上盒子的俯视效果图，下面开始做美人鱼。

39 将美人鱼上身及头部描画在两层叠放的皮肤布的上面一层的背面，用细密的平针缝合这两层布，周围留约 5mm 缝份剪下，翻到正面之后塞棉，以对针缝合返口。

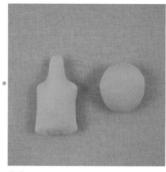

40 这是得到做好的身体及头部。

41 将头部和身体缝合，用任意针法都行（图示为从背面看）。

42 这是缝好后的正面效果。

43 将美人鱼下身描画在正面对贴的两片玫红色亮缎布的背面，缝合后（上端为返口）翻到正面。

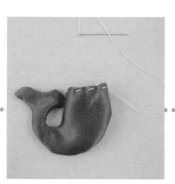

44 将返口处的布边沿着划线折入背面，用针线粗略缝一下。

45 从返口处塞棉，返口位置要少塞点棉。

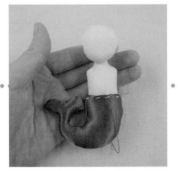

46 然后把娃娃上身塞入返口处，并以对针将它们缝接。

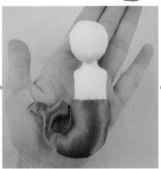

47 缝好后，将先前粗略缝的那条白线扯掉。

48 用左手将娃娃上身和下身扳成约90°角的坐姿。

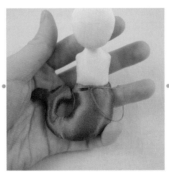

49 将肚子位置形成的皱褶用对针缝合，这样娃娃坐姿就固定了。

50 取一条线状亮片，从娃娃的背后右端开始粘（可以用热熔胶）。

51 然后绕至正前方，也就是绕腰围一周粘好。

52 再至身后斜下绕至臀部。

53 再至前面，向左上方绕。

54 继续绕至背后斜下，然后至前面、左上处，粘好，最后剪掉多余的亮片。

55 这是从背后看的效果。

56 将两只胳膊的图纸描画在双层皮肤布的上层布上，其做法同身体及头部。

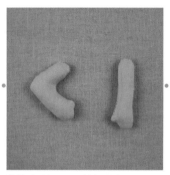

57 塞棉，用对针缝合返口，做好两只胳膊。

58 将两只胳膊按压在身体上，以对针缝合和身体的交界位置。

59 用皮革料剪出和亮片同样的贝壳形状的布片。

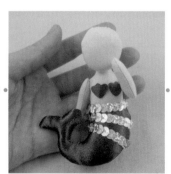

60 粘在娃娃胸前。

61 取一束毛线。

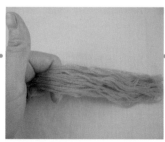

62 在中点处用左手拿着。

63 放置在娃娃头顶，并在中点稍靠右边的位置涂少许胶粘一下。

64 在左边的刚才食指所在的位置，将头发向下及向前扭180°。

65 然后再粘在头顶上，这个是从背面看的效果。

66 把未粘的头发拨至中间，均匀遮盖头皮，并涂胶粘住。

67 将正面整理好，重要的位置以胶粘住。

68 按照自己的喜好修剪多余的发尾。

69 给娃娃画好眼睛。

70 下身及尾巴粘在前面做好的盒盖上。

71 用银色布料剪出一个海星样子的布片，粘在头上作为装饰。

72 做好的针线盒可以收纳针线了。

73 盒盖子还可以作为针插使用。

23

古装婚礼娃娃

古装婚礼娃娃缝制时尽量用与布的颜色相同的缝切线，图片中之
所以选用其他颜色的线是因为要让大家看清楚过程。

1 按男身体主体的纸样裁剪两片红色花纹布料，周围要留约5mm缝份。

2 将两片布正面朝内并相对叠放在一起，沿着划线缝合，如图白线所示。

3 将下方的布边沿着两条横向划线折叠，以平针粗略地缝一下。

4 将缝好的布片翻到正面，如图描画出胳膊和身体的两条分界线。

5 再以较细密的平针缝一下。

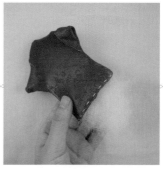

6 从底部塞棉，不要塞得太实，待用。

7 裁剪出底部圆形布片。

8 在周围布边上以平针粗略地缝一圈，不要剪掉针线。

9 再将一片与底部圆等大的硬纸片放置在中央。

⑩ 抽紧针线，使周围布边皱起包裹住纸片边缘，然后收针。

⑪ 将其放置在第6步所得到的身体的下方，然后以对针缝合两部分的边缘。

⑫ 快要封口时，找一些小重物塞进去，这样使重心下沉，便于娃娃做好后站立稳当。

⑬ 封口收针。

⑭ 拆掉原先在布边上缝的一圈外露的针线。

⑮ 将两片等大的皮肤布重叠放置，在上面一层的背面描画出两只手。

⑯ 沿着划线缝合这两层皮肤布，下方的返口不需缝合，之后周围留约3mm缝份剪下。

⑰ 周围剪牙口后，翻过正面，塞棉，以针线随意地缝一下封住返口。

⑱ 将手塞入袖口的开口内，在袖口边缘以对针和手腕缝合。

❤19 做法同手部，做好头部，注意头部的返口在头顶，塞棉，用对针缝合返口。

❤20 用左手食指将缝好了两只手的身体部分的正上方尖端部分往下压。

❤21 然后把头放在上面，以对针缝合这两部分。

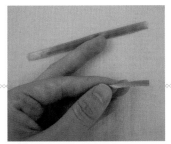

❤22 取两段金色缎带，取其中一条，如图所示将短边对折（如有熨斗，可以烫一下）。

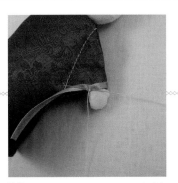

❤23 将对折后的缎带缝在袖口（可用回针）。

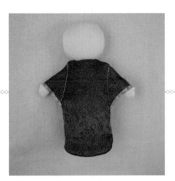

❤24 这是镶好边的两只袖口。

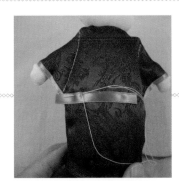

❤25 再取一段金色缎带，从面前正中开始绕腰围一周，边绕边用针线缝一下固定。

❤26 缎带绕一周回到正面正中时开始对折缎带，向上折至脖子处。

❤27 用针线缝好，剪去多余的缎带。

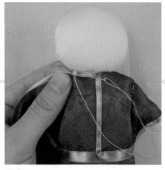

❷❽ 再取一段金色缎带，对折后从脖子前面正中开始绕颈一周，边绕边缝。

❷❾ 取近3cm长的一段缎带。

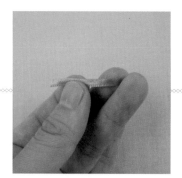

❸⓿ 将短边对折。

❸❶ 长边方向，左边的一段在三等分点处朝中间折。

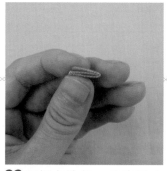

❸❷ 再把右边的一段也朝中间折。

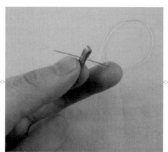

❸❸ 之后用针线在中点处缝两针以固定，这样一个布扣就做好了。

❸❹ 这样的布扣一共做三个以热熔胶粘在娃娃身上。

❸❺ 这是整个娃娃身体做好后的背后效果。

❸❻ 取约10根黑色细毛线并排排列。

37 以食指和中指夹住一端。

38 将端点绕着食指，用拇指压住，防止松脱，待用。

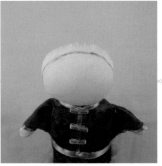

39 在娃娃的头顶用消去笔画出发际线。

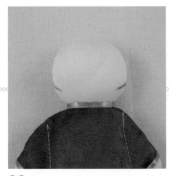

40 这是后脑的发际线（注意整个发际线未封闭）。

41 将第38步中的食指外侧部分的毛线紧靠脑后的右边发际线，沿着发际线在此处涂胶，然后将指头松开，按压粘牢。

42 图示为以此方法依次粘了三组发际线的效果图，继续沿着发际线粘。

43 整个发际线都粘好了毛线。

44 这是正面效果。

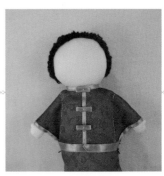

45 将毛线在脑后理顺。

46 并在背后分成三部分，编结成为辫子即完成。

47 按照帽片的纸样裁剪六片布片（留缝份），将相邻两片的相邻两条弧线对齐缝合。

48 这是缝好后的样子，帽碗已经初步形成。

49 翻到正面后，将帽碗边缘的布边向内折，并以红色针线缝好。

50 这是缝好后的帽碗。

51 再用金色缎带缝一周。

52 在帽顶订缝一粒红色珠子。

53 在帽子正前方订缝一个方形绿色钻作为宝石。

54 这是娃娃戴上帽子后的效果。

55 画出娃娃表情，男娃娃就做好了，下面开始制作女娃娃。

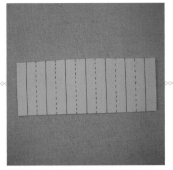

56 女娃娃的身体制作与男娃娃相同，这里略去。先以一张白纸来说明裙子的折叠方式，在纸上画上若干间距为1cm的竖线。

57 如图所示折叠，折痕均为实线所在，虚线不折。

58 准备一片宽约3cm（指上面布边到下面画黑线位置的距离）的长条形红色布片（上图为背面朝上）。

59 先将下面的布边沿着划线折上去并缝好。

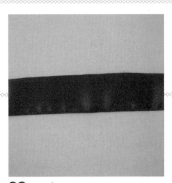

60 翻到正面。

61 按前面所讲的白纸的折叠方法，将布片折叠，在上缘以平针缝一条线，使皱褶不再松开。

62 然后将打好皱褶的布片围住娃娃身体。

63 布片的首尾在背后正中交叠，然后以针线将上缘缝在娃娃身体上。

❻❹ 这是缝好后的效果。

❻❺ 给娃娃组装上头部及手。

❻❻ 这是镶缝好袖口的边及颈部领口的边。

❻❼ 以消去笔描画出如图所示的弧线。

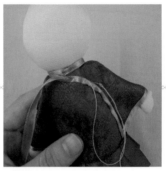

❻❽ 沿着此弧线缝上金色缎带。

❻❾ 这是缝好后的效果。

❼⓿ 缝上做好的五个布扣（布扣做法与男娃娃同）。

❼❶ 围着娃娃身体缝一圈金色缎带。

❼❷ 取两束毛线，在偏离中点的位置分别用黑线扎紧。

73 取其中一束毛线，编结一段小辫子。

74 如图打圈。

75 将这个圈上方压下，成为两个突起，用缝纫线系紧使圈不再松开。

76 把另一束毛线如图放置在头顶上，系紧的地方偏向右边，用胶粘一下。

77 再将第75步中得到的那束毛线也粘在头顶，挨着先前那束毛线。

78 将四个发端分别用线系紧，并修剪掉多余的毛线（上图为从后面看的效果）。

79 从正面看，即为四绺毛发。

80 从后面先将左边一绺毛发绕圈卷曲在脑后上方，并粘好。

81 再将右边的那绺短些的毛发沿着上步卷曲的周围粘好。

❽❷ 然后将最左边的毛发绕着上面得到的卷曲粘好。

❽❸ 最后将右边那绺最长的盘绕在脑后，如果觉得长了，可以将其剪短，然后扎紧再重新盘。

❽❹ 剪取两段红色纱带。

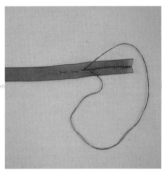

❽❺ 取红色针线沿着横向的中线缝一条线（针脚可以大一点）。

❽❻ 抽紧线后，使纱带自然皱起，整理一下，收针，成为两朵小花。

❽❼ 粘在头上作为装饰。

❽❽ 剪取三条渐长的金色细链子，另外准备两个金色卡扣。

❽❾ 将三条链子的两端都合在一起，分别用卡扣卡住。

❾⓪ 将两端分别压在两朵花的下面，用热熔胶粘住。

91 给娃娃画上表情。

92 剪取一块正方形红色雪纺布料，四条边分别在烛火边烧结一下，正中用金色丙烯颜料写上红色双喜即为红盖头。

93 下面来做红绣球，首先剪取一条长的红色亮缎布条。

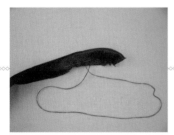

94 一边对折短边，一边用红色针线平针缝合。

95 之后抽紧线，使布料皱在一起。

96 这是从侧面看的效果，然后以随意针法收针即可，形成一个花朵。

97 这样的花朵做4个，两两合并在一起，可以缝在一起，也可以用胶粘，如图成为两组花。

98 将一条红色缎带的中点处粘在一组花的下面，然后在背面再粘上另一组花。这样一个绣球就做好了。

99 将红色缎带粘在新郎和新娘的手上，古装婚礼娃娃就做好了。

口金包

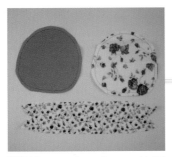

❶ 剪取两片面布及一块侧片布。

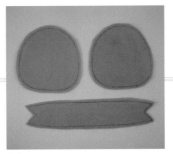

❷ 再用不织布剪出两片面布和一块侧片布。

❸ 将第2步中的不织布压在对应的图1中各片布上，并以白色针线粗略缝一下，使其不易走位，后面的制作中就把这样的两层布当做一层布使用。

❹ 将其中一片面布下方的中点标记出来，此点对准侧片布的一条横向边的中点，布的正面相对。

❺ 然后从这个点开始往右边沿着线缝合侧片布和面布。

❻ 再从中点开始往左边沿着线缝。

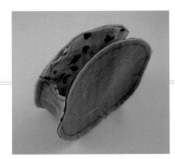

❼ 这是缝好后的侧面效果。

❽ 这是俯视效果。

❾ 然后将侧片布的两个小三角开口，两条小短线分别对齐缝好。

❿ 这是缝好后的效果。

⓫ 按同样方法再用粉红色的棉布缝好这样一个口袋，其中一个边缘缝的时候留约8cm的返口。

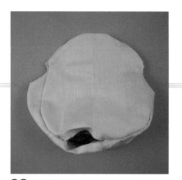

⓬ 翻到正面。

⓭ 将粉红色的口袋套入第10步中得到的口袋中。

⓮ 对齐上方的弧线，将面布和粉红色里布缝合。

⓯ 两边都缝好后，将粉红色口袋拉出。

⓰ 再将花布的口袋从粉红色口袋的返口处塞出去。

⓱ 顺带着将粉红色口袋翻到正面。

⓲ 以对针缝合返口。

⑲ 再将粉红色口袋塞入面布口袋中。

⑳ 用细匀的平针缝合上方的两条小弧线。

㉑ 这是缝好后的口袋花布的一面效果。

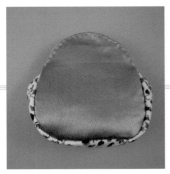

㉒ 这是纯色面一面的效果。

㉓ 准备一个口金。

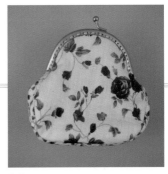

㉔ 将口金打开，两侧分别用较结实的线（比如皮革线）卡住弧形边缘缝好。

㉕ 将娃娃身体、胳膊、头部的图纸描画在双层皮肤布的上层。

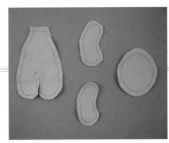

㉖ 沿着划线缝合这两层布，注意留返口。

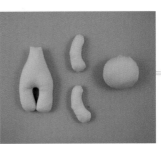

㉗ 翻到正面后，塞入填充棉，以对针缝合返口。

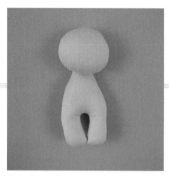

28 将头部缝在娃娃身体的上端。

29 剪一片长为9cm、宽为4cm的花布,将下面那条长边折入约宽5mm的布边,缝好。

30 左右对折,布的正面相对,对齐并缝合两条短边。

31 翻到正面后,将上方的原来的长边折入约4mm的布边,可用针线缝一下。

32 套入娃娃身体。

33 将竖向的缝线放置在背后的正中脊柱位置,然后取针线,将此处的上方缝在娃娃身体上。

34 取另外一条针线,用双线,线尾打结,从距离最右边的大约4mm的位置出针。

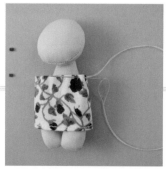

35 距离约2mm入针,再2mm出针,平针针法,然后穿一粒红色小珠子。

36 再距离约2mm入针,2mm出针,再穿一粒红色珠子。

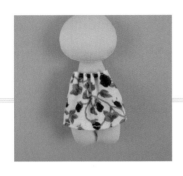

37 如此循环，最后至左边，在和右边对称的位置收针。

38 将毛线缠绕在打开的两根指头上。

39 约缠50圈即可。

40 取下线圈，扭成八字。

41 平放下来是这样的。

42 然后将毛线正中粘在头顶位置上，再分别将两边的毛线压下并粘好。

43 再将两只小胳膊按照自己想要的姿势缝在娃娃身体上。

44 画出娃娃眼睛，并涂腮红，再用红色缎带系一个蝴蝶结粘在头发上。

45 将娃娃后背及脑后涂胶，粘在前面得到的口金包的纯色面布上。这样口金包就完成了。

小女巫

❤1 将皮肤布双层叠放，在上面那层布的背面描画身体各部分图纸。

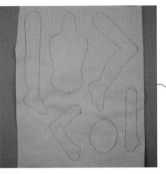

❤2 沿着划线，将两层布缝合，注意留出塞棉口（也叫返口），身体主体部分的返口留在左下方。

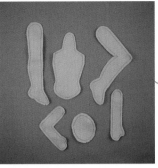

❤3 周围留约5mm缝份剪下。

❤4 注意布边上要剪牙口，以身体主体部分为例，图上所示小豁口即是，也可只剪开就行，不要剪到缝线。

❤5 取一根细棒，从脖子上端往下顶，并往左下角的返口方向前进。

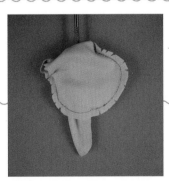

❤6 并将脖子那里的布顶出来。

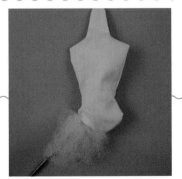

❤7 这样整个身体主体部分就翻到正面了，以细棒将填充棉从返口位置塞入。

❤8 塞入适量棉后，以对针缝合返口。

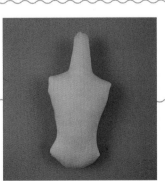

❤9 这是缝好后的完成图。

⑩ 用同样的方法,将腿、胳膊、头塞棉完成。

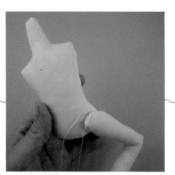

⑪ 从背后看,取弯腿按压在身体的左下部,以对针缝接。

⑫ 用同样方法缝接另一条腿,这是正面图。

⑬ 将头部的后脑勺位置贴紧在脖子的前面,然后以对针缝接。

⑭ 这是缝接完成后图。

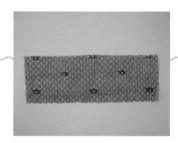

⑮ 剪取长为 25cm、宽为 7cm 的一块黑色纱。

⑯ 将上面部分往下折,不用对折,错开一点。

⑰ 取一根针线,沿着上面对折线附近以平针缝一条线,然后抽紧线,使布自然皱起。

⑱ 然后将其围着腰围一圈,首尾在背后对接,收针。

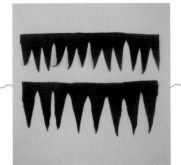

19 取长为15cm的黑色T恤布两块，两块的宽分别为5.5cm、4cm，然后剪出如图所示的锯齿状，注意窄点的那块布齿剪得密点。

20 将两片布叠放，窄的在上方，上端对齐，并以针线平针缝。

21 抽紧线，绕腰一周，首尾在背后对接，收针。

22 将小背心的图纸描画在黑色T恤布的背面，周围留缝份剪下，需要两片。

23 将领窝和袖窝的布边沿着划线折向背面，缝好。

24 将两片布正面相对，叠放，缝合左右两边侧线及左右上端的肩膀位置。

25 翻到正面。

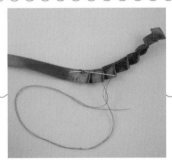

26 取一根玫红色缎带，做出整齐的皱褶，上端用细匀平针缝好。

27 再将做好的皱褶缎带缝在小背心的下边缘一圈，将背心给娃娃穿上。

❷❽ 剪出一片扇形黑色T恤布，在下缘剪出若干锯齿形。

❷❾ 剪取一段长约16cm的黑色蕾丝花边，注意左右花纹对称。

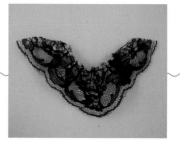

❸⓿ 上缘用黑线平针缝后抽紧成皱褶，长度与图28中的上方弧线等长，收针。

❸❶ 和28步中得到的黑色布叠放，上方重叠并缝合。

❸❷ 将两片玫红布正面相对叠放，在上层的背面上描画衣领图纸，剪下。

❸❸ 沿着划线缝合这两片布，翻到正面后，以对针缝合返口，熨烫平整。

❸❹ 将领子的下缘和黑色锯齿T恤布的上缘对针缝合。

❸❺ 这是缝好后的正面效果。

❸❻ 取一粒铜色珠子，先订缝在小披肩上，然后从其附近出针。

❤37 穿8粒同样的小珠子，绕着开始的那粒珠子一周，入针，再缝几针，固定一下几粒珠子，这样珠子就不会翘起来了。

❤38 将缝好的胳膊按压在身体上，以对针缝接它和身体。

❤39 这是缝好两只胳膊的身体。

❤40 将鞋底、鞋面、鞋帮描画在皮革料的背面。

❤41 先将鞋面上端对折，使橄榄形的两条划线对齐，并用细匀平针缝合。

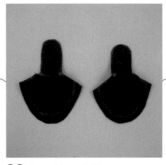

❤42 这是缝后的效果。

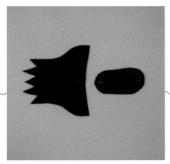

❤43 将脚尖、脚后跟正中点和鞋帮的下方正中点分别做个记号。

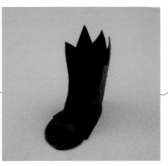

❤44 将鞋帮的正中点对齐脚后跟的正中点，并缝合鞋帮下缘和鞋底的划线，这是缝好后的效果图。

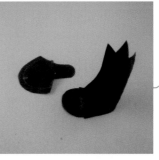

❤45 将42步中得到的鞋面弧线正中点对齐鞋底的脚尖正中点，并缝合这两片布料。

46 这是缝好后的效果。

47 剪牙口后翻到正面。

48 用锥子分别在鞋帮的两侧各钻出两个孔，一共四个孔。

49 取一段玫红缎带，从高处的两个孔穿出。

50 交叉后从低处的两孔穿出。

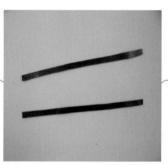

51 剪取两条细带状的皮革料。

52 用胶粘在鞋底边缘。

53 给娃娃穿上后，将缎带系成蝴蝶结，剪去多余的缎带。

54 在黑色亮缎的背面描画出帽碗图样。

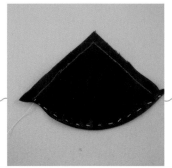

55 先将下缘弧线部分的布边折向背面，并用针线粗略缝一下。

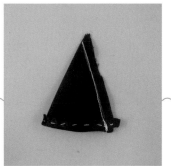

56 左右对折，将两条直线边对齐并缝合。

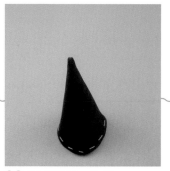

57 翻到正面，待用。

58 剪两片直径为 9cm 的黑色亮缎布，周围留缝份，缝合这两片布。

59 翻到正面后，以对针缝合返口，熨烫平整。

60 在正中画直径为 3.3cm 的圆形。

61 将 57 步中得到的帽碗放置其上，使底部的圆和划线重合。

62 以对针沿着划线缝合。

63 这是缝后的效果。

❻❹ 再在周围缝一圈玫红缎带。

❻❺ 翻到帽子的底面，用小剪刀将通向帽碗的布剪掉，处理一下布边，帽子就做好了。

❻❻ 取卷曲的假发条一根，如图从一端开始拆散。

❻❼ 完全拆开后，抽取几根发丝备用。

❻❽ 在假发条长度的 1/3 处，以发丝系紧。

❻❾ 将系紧的位置粘在头顶稍偏右的地方。

❼⓿ 从背后看，将右边的发束往左上方绕，粘好。

❼❶ 再往右绕，回到左下方，也就是绕越来越小的圈，用胶粘好。

❼❷ 以发丝在发束根部系一下，修剪发丝。

❼❸ 将披肩给娃娃穿上，取一条铜色细链子，将两端缝在珠子花的附近。

❼❹ 给娃娃画上眼睛、嘴巴。

❼❺ 剪出同样的南瓜片图纸的布六份，如图摆放。

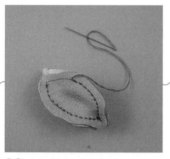

❼❻ 将相邻两片的相邻弧线对齐缝合，最后一条线只缝合三分之二，留下三分之一不缝合作为返口。

❼❼ 翻这是正面的效果。

❼❽ 塞棉后，以对针缝合返口。

❼❾ 以手缝针穿一条灰白色的缝纫线，双线，线尾打结，然后从南瓜球的正中穿出。

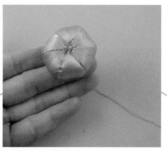

❽⓿ 针回到底部，穿过线尾两条线形成的圈，然后拉紧线，使线勒紧南瓜球的其中一条缝线，再绕至对面从中心的底部往上出针，拉紧，勒紧先前那条缝线的对面的缝线。

❽❶ 用同样的方法，勒出六条灰白色线，收针。

❽❷ 剪取如图所示的几片不织布。

❽❸ 把三片同样的南瓜蒂不织布如图捏在一起。

❽❹ 在其上涂热熔胶，然后按压粘在南瓜球上。

❽❺ 将另一片圆形小不织布片粘在底部正中。

❽❻ 在南瓜球上用消去笔大致确定出眼睛、嘴巴、鼻子的形状和位置。

❽❼ 再以黑色颜料细描，南瓜灯即告完成。

❽❽ 在野外收集一些植物的细细枯枝，再准备一根一次性筷子。

❽❾ 将枯枝集中成一束，筷子插在正中，然后用啡色线缠紧，扫把就做好了。

❾⓪ 将南瓜和扫把粘在娃娃手中，小女巫就做好了。

韩服对娃

❶ 将腿部和上身的图纸以消去笔描画在双层皮肤布的上面一层。

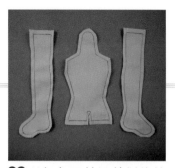

❷ 以细匀平针沿着划线缝这两层布，留出返口，剪牙口。

❸ 将上身的下方两个横向布边沿着划线翻折上去，并以缝线粗略缝制一下（即图中桃红色线所示）。

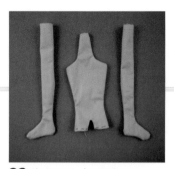

❹ 将腿和上身翻到正面。

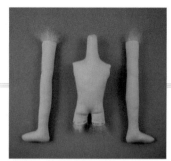

❺ 塞入适量填充棉。

❻ 取一条针线，线尾打结，然后以平针沿着其中一条腿部的上方划线缝一圈。

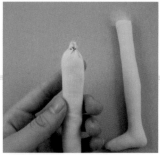

❼ 抽紧线，回针缝几针后收针。

❽ 以同样方法处理另一条腿部。

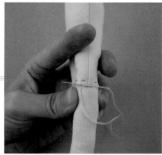

❾ 将其中一条腿塞入上身的一个大腿根内，并以对针将其缝合。

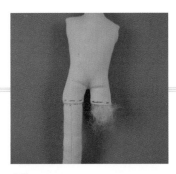

⑩ 这是缝好一条腿后的效果图。

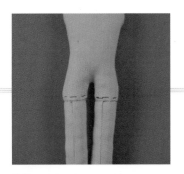

⑪ 同样缝接另一条腿。

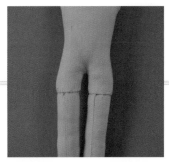

⑫ 剪断先前的桃红色缝线，抽掉。

⑬ 这是缝接后的效果图。

⑭ 缝上头部和两只胳膊。做好男女两个素体待用。

男娃娃制作说明

❶ 将裤片描画在草绿色棉布的背面，需要两片，周围留缝份剪下。

❷ 将两片布正面相对，叠合，以细匀平针沿着左右两边小斜线缝合，如图所示白色线位置。

❸ 拉开左右裤片，使两条裤片上的各自竖向直线重合对齐。

4 按图示白色线所在位置以平针缝合。

5 翻到正面。

6 将裤腰处的布边沿着划线折向背面，并以草绿色缝纫线平针缝好。

7 裤脚的布边也折向背面，以草绿色缝纫线平针逢一圈后，先不要剪掉缝线。

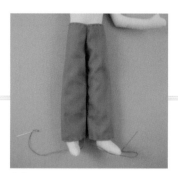

8 给娃娃穿上裤子。

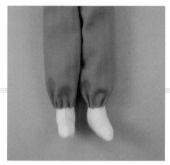

9 抽紧两条缝线，使裤脚束紧在脚脖上，然后收针。

10 剪出两片袖片的布（成品为浅黄色棉布，在此为草绿色布），待用。

11 剪出上身部分的两片宝蓝色布（留缝份）。

12 将这两片布的相邻两条竖向直线缝接。

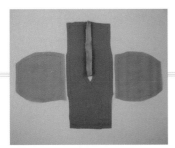

⓭ 取出步骤 10 中的两片袖片，如图摆放。

⓮ 和上身部分的相邻竖向直线缝接。

⓯ 将两片袖片的袖口布边沿着划线折向背面，以针线平针缝好。图示为正面。

⓰ 这是反面效果。

⓱ 将得到的上衣半成品上下对折，对齐袖子的各自两条弧线并缝合，再缝合蓝色正身的左右竖向直线。

⓲ 翻到正面。

⓳ 将领窝及门襟处的布边折向背面，以细匀平针缝好。

⓴ 这是缝后的效果。

㉑ 剪取一段西瓜红缎带，从领窝的左边端点开始缝在领口边缘上。

22 将尾端的缎带折向背面，缝好。

23 取一段白色缎带，对折后夹住先前的西瓜红缎带的上缘，以平针缝合。

24 这是缝好后的效果。

25 给娃娃穿上后，右边衣襟在上，压住左边衣襟，以对针将右衣襟边缘和下面的蓝色布料缝合。

26 剪取两段蓝色缎带。

27 先将长的那条缎带如图弯折，上端再往右上折。

28 将短的那段缎带压在其上。

29 将短缎带的左右两端折向背面，包住长缎带，以针线在背面固定一下，以免松开。

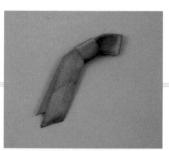

30 这是缎带完成效果图。

31 将其以热熔胶粘在娃娃衣服上。

32 将一片长方形的蓝色布料上下对折，背面朝外，把鞋子的图纸描画在上层布上。

33 以针线沿着划线缝合，注意上方的那条弧线不缝，针脚要细匀。

34 将未缝的那条弧线沿着划线剪去布边，在烛火边处理一下使其不脱丝，其他布边上剪牙口。

35 翻到正面。

36 穿在娃娃脚上。

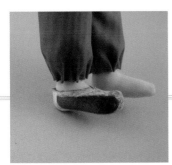

37 以白色丙烯颜料（不用蘸水）在鞋子上画出线条或者花纹。

38 这是两只鞋子均做好的效果。

39 以消去笔在脑后画出螺旋线。

④ 取一条小短发发条（发丝向一边弯）。

④ 从小短发发条的一端开始，沿着最外圈螺旋线将发根缝在头上。

④ 这样沿着螺旋线由外圈至内圈缝好，直至快到中心点的位置时停下收针。

④ 取锥子或者小剪刀以尖端挑破中心点的皮肤布，扎个大概比绿豆大点的洞。

④ 然后将发尾的发条根部塞入洞内。

④ 从正面看，整个脸都被发丝盖住了。

④ 先用剪刀将发丝粗略地修剪一下，使看得见脸。

④ 再细修剪出自己想要的发型，给娃娃画上眼睛，涂腮红。这样男娃娃就做好了。

女娃娃制作说明

❤1 剪取一片长 40cm、宽 18cm 的长方形草绿色棉布，周围留缝份剪下。

❤2 先将一条长边的布边沿着划线折向背面，以平针缝好。

❤3 然后左右对折，布的背面朝外，使两条短边重合，并以平针缝合。

❤4 再取另一条针线，双线，线尾打结，以平针缝另一条长边（一边将布边折向背面，一边缝），缝一圈后，先不要剪断线。

❤5 抽紧线，使其皱起。给娃娃穿上，在比腰稍高点的位置固定，收针。

❤6 剪两片淡黄色棉布的袖片。

❤7 再剪两片西瓜红的上身片。

❤8 和男娃娃同样的上身做法，缝好袖管及上身两侧。

❤9 翻到正面，缝上和男娃娃同色的衣领。

⑩ 给娃娃穿上后，用同样做法做出飘带。

⑪ 取一个小蝴蝶结，将下端的两条长绳剪短，然后如图打死结。

⑫ 每条线上打三四个死结即可。

⑬ 将中国结的上端塞进腰及上衣间的位置，用针线缝一下固定。

⑭ 剪取一束毛线，中点位置用黑线系紧。将中点处粘在头顶正中。

⑮ 将脑后的毛线用手梳理整齐。

⑯ 左右两边各留出一绺。

⑰ 将左右这两绺毛线分别编成小辫子，将线尾用黑色缝纫线系紧，剪去多余的毛线。

⑱ 将脑后的毛线分成左中右三股，编成辫子。

❤19 这是从前面看的效果。

❤20 将左边的那条小辫子，从发尾开始往上卷，卷至如图所示长度后停下。

❤21 将卷好的圆盘下面涂胶，粘在后面编结的辫子的根部。

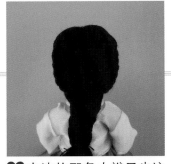

❤22 右边的那条小辫子也这样处理，这是背后效果。

❤23 这是前面效果。

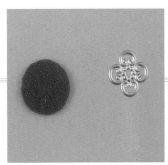

❤24 剪取一片圆形红色不织布片，准备一个花型的金色金属片。

❤25 将金属片用胶粘在不织布的上面。

❤26 再粘到娃娃头顶正上方。

❤27 给娃娃画上眼睛，涂上腮红。这样一对韩服娃娃就完成了。

纸巾盒娃娃

❤1 准备一个圆筒型的纸巾盒。

❤2 按照盒顶的孔的一半画在一片白棉布的背面，周围留约2cm缝份剪下。

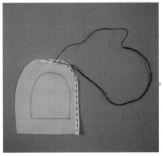

❤3 将布边折入约4mm用平针缝好（用红色线是为了读者朋友看得分明）。

❤4 这是缝好后的效果。

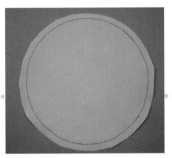

❤5 再将纸巾盒盒顶的圆画在白棉布的背面，周围留约5mm缝份。

❤6 先将圆布片正面朝上，再把4步中得到的部分放置其上，位置最好是与盒顶孔的某半个孔位置吻合。

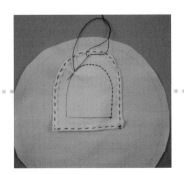

❤7 然后沿着线以较细匀的针脚平针缝合。

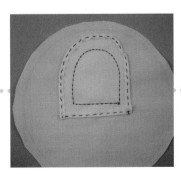

❤8 这是缝好后的效果图。

❤9 剪去中间的布，注意布边上面要剪牙口。

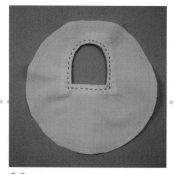

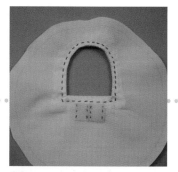

❿ 将 n 形小布片翻到另外一面，使其背面与下面的大圆布片的背面对贴，熨烫一下。

⓫ 然后在 n 形的周围压缝一圈。

⓬ 挨着横向压缝线，订缝上魔术贴的一面，待用。

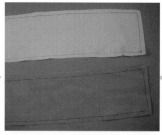

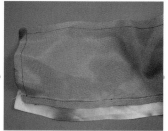

⓭ 剪取长为 70cm，宽约为 7.5cm 的长条形布片，白色和粉红色各一片，注意周围均留缝份。

⓮ 先将白布条的一条长边以平针缝后，抽紧线，使布皱起，皱起后的边长与 12 步中的大圆形布片的周长相等，收针。

⓯ 将白布条的另一条长边与粉红布条的一条长边缝合（注意白布条的下边要露出约 1.5cm，并不是沿着白布条的划线缝）。

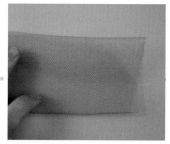

⓰ 展开后（背面朝上），如图再将白布条的这条边折上去，以平针沿着本身那条划线缝在白布上，这样白布上面就有了一个通道。

⓱ 剪取长为 70cm、宽为 16cm 的玫红色网纱，将短边如图往下对折。

⓲ 将上方那条长边以平针压缝在刚才缝接好的粉红布条上缘。

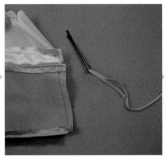

⑲ 取一条窄的松紧带，一端用小黑发夹牵引，穿过白布上的那条通道。

⑳ 将松紧带的首尾缝接好，然后再把布条左右对折，对齐两条短边，以平针缝好。

㉑ 把12步中得到的圆布片圆周与白色布条抽皱褶的那条边缝合。

㉒ 然后翻到正面，套在1步中得到的圆筒型纸巾盒上。

㉓ 准备两片重叠好的皮肤布，将头部及身体图纸描画在上层布上。

㉔ 以平针缝合这两层布，头部上方留一段不缝合，身体的下方直线部分不用缝合。

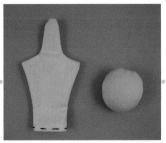

㉕ 将头部塞棉，以对针缝合返口。身体的下端布边沿着划线翻折到背面，以平针粗略缝一下（图上为黑色线），翻到正面。

㉖ 给身体塞棉，待用。

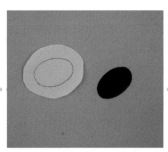

㉗ 将身体底部图纸描画在皮肤布上，周围留约1cm缝份剪下，另外准备一个和底部图纸等大的硬纸板。

28 先用针线将布片周围以平针缝一圈。

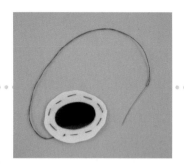

29 然后将硬纸板放置在中央。

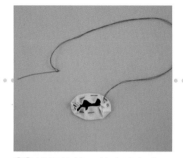

30 抽紧缝线，使布边包裹硬纸板，收针。

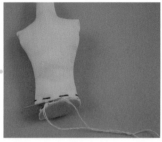

31 然后用对针将它与身体的底边缝合。

32 缝好底部后，将底边上原来的黑色缝线拆掉。

33 在身体的椭圆形底部粘上魔术贴的另一面。

34 将头部的后脑位置和颈部贴紧后，以针线缝好。

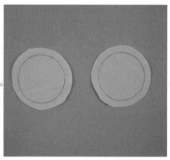

35 描画两个胸部的圆形布片。

36 在周围沿着划线折入布边，一边折一边以平针缝。

❸❼ 稍微抽紧线，使成为碗状。

❸❽ 在其中塞棉，抽紧线收针，这样，得到两个球。

❸❾ 将这两个球按压在身体的胸部，以对针将其缝在胸部。

❹⓿ 剪取一束毛线，在中点处用线系紧。

❹❶ 将毛线中点处涂胶粘在娃娃头顶。

❹❷ 从背面看，所有毛线在背后整理好，然后分成左、中、右三份。

❹❸ 将左右的两份分别编成辫子，发尾用毛线系紧修剪整齐。

❹❹ 将中间的那份毛线向上掀起，左右两边的发辫在脑后交叉并粘在头上。

❹❺ 放下中间那份毛线。

46 以左手的拇指和食指捏着发尾并用线绑紧，修剪整齐发尾，然后一直向左扭动。

47 再将这部分毛线从发尾开始向上卷，此图为从侧面看的效果。

48 最后粘在脑后，盖住先前的两个发辫尾端。

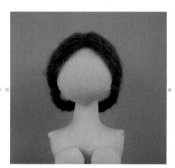

49 正面效果。

50 剪取一段黑色装饰带，将中点处先粘在头上正中。

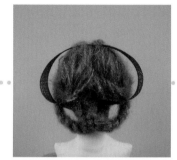

51 从背后看，将左右两端分别弯折后粘在后脑勺的位置。

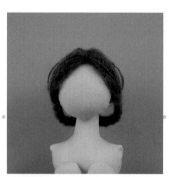

52 正面效果。

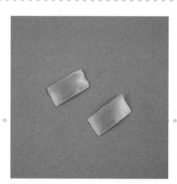

53 剪取两小段宽的粉红缎带，将每段的两端均用烛火烧结一下，以免脱丝。

54 将其中一个沿着平行于长边的直线折叠，采用像折扇那样的折叠方式。

55 然后再将长边对折，用胶粘住，另一段缎带也这样做。

56 将其分别粘在脑后合适位置。

57 剪取直径约为 19cm 的圆形花色缎面布，并在中心剪一个圆孔（圆孔的周长要等于实际测量的娃娃胸上方（两个球形的上方）的胸围，圆孔及圆布片的周边均在烛火边烫边处理（以后不再赘述）。

58 然后剪取一段粉红缎带，将宽边对折后夹住圆孔的边缘缝合，即包边。

59 再在附近挖一个小点的孔，同样处理。

60 先将娃娃身体底部魔术贴粘在圆筒型纸巾盒套上面，然后将中心的那个孔套入娃娃身体。

61 在左边胸部位置用左手捏一个折痕。

62 在右边对称的位置捏出相对称的折痕。

63 然后交在一起，并用针线在交叠点缝一下，先不要剪断线。

64 再在左边胸部往左边的位置捏起一个折痕，另外和右胸的右边位置捏起的一个折痕像前步一样交在一起，要和前步中的交点在一个高度，然后用针线缝住，收针。

65 这是缝后的效果图。

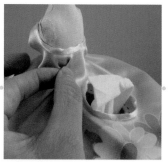

66 在腰后的左边，把布如图所示折好，以线固定。

67 在右边对称的位置同样处理。

68 用细的玫红色缎带做四个蝴蝶结，将其中两个分别粘在后腰左右刚收针的位置。

69 再取一个蝴蝶结粘在前面正中交点处（蝴蝶结的做法可看本书98页）。

70 做好两个弯臂。

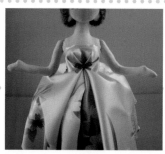

71 将两个弯臂按压在身体上，以对针缝好，并给娃娃描画眼睛，以棉签蘸取成人腮红给娃娃涂脸蛋。

72 剪取一段玫红纱带，以同色缝纫线沿着一条长边如图所示以平针缝。

❼❸ 然后抽紧线，使布皱起至合适长度。

❼❹ 先将皱褶的一端缝在右肩上。

❼❺ 绕至背后，再至左肩，边绕边缝。

❼❻ 这是背后的效果图。

❼❼ 取一段玫红细缎带绕脖子一周，首尾在前面交叠，并粘好。

❼❽ 将第四个蝴蝶结粘在上面，颈饰就做好了。

❼❾ 这是整件衣服的效果图。

❽⓿ 也可以把两边的裙摆提起粘在娃娃两手上，即跳舞的造型。这样一个纸巾盒娃娃就做好了。

小贵妇

小贵妇身体制作同韩服女娃娃，胸部制作同纸巾盒娃娃。

① 如图所示，剪出上衣部分的花色棉布片，图示为背面朝上。

② 在上方中间位置画出一条竖向虚线，长度约为2cm。

③ 将左右及上方弧线的布边折向背面，并以平针缝好。

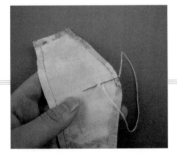

④ 取一条针线，沿着步骤2中的虚线以平针缝，针距可以稍大点，约为3mm。

⑤ 抽紧线后收针，得到皱褶效果，图示为布的正面。

⑥ 将这片布从娃娃前胸裹向后背，在背后正中交叠，并以对针缝好。

⑦ 正面效果。

⑧ 用左手的食指和拇指将左胸下的布竖向捏起。

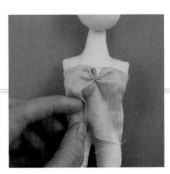

⑨ 压向右边。

⑩ 并以对针将折痕处和下面的棉布缝好。

⑪ 这是缝好后的效果。

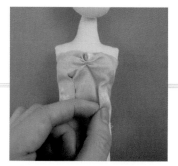

⑫ 再以同样手法将右边胸部下的棉布向左压。

⑬ 以对针缝好后，放在一边待用。

⑭ 剪取一片长为55cm、宽为18cm的长方形西瓜红缎面布料，周围留约5mm缝份。

⑮ 将下方的一条长边的布边折向背面缝好，然后在布的正面距离这条长边约4cm的位置，画出一条平行线。

⑯ 取宽约3cm的一条长条花色棉布。

⑰ 从一端开始，将右边的长边先折向正中。

⑱ 再将左边的长边折向正中，使长条棉布的宽只为原先的约1/3。

19 在正中以平针缝好，使它们不再松开。

20 将这条棉布条沿着步骤15中的横向划线缝在西瓜红布料上。

21 将西瓜红布料左右对折，正面朝内，对齐并缝合两条短边。

22 这是翻到正面的效果。

23 将上方原来长边的布边，一边折向背面一边用针线缝。

24 稍微抽紧线。

25 给娃娃穿上并适当抽紧缝线，最后收针。

26 剪出两片如图所示的花色棉布片，周围留缝份，图为正面朝上。

27 将每片布的左右及下方的布边折向背面并缝好。

❷❽ 翻到正面后，在这三边上缝上黄色纱带。

❷❾ 将上方的布边折向背面，并以平针缝好。

❸⓪ 抽紧线后收针，但不要剪断线。

❸❶ 将此皱褶边缝在衣裙右侧腰处。

❸❷ 用同样方法缝好左边的一块。

❸❸ 剪取如图所示的一片花色棉布。

❸❹ 将左右两条直线边及下方的长弧线边的布边折向背面，缝好。

❸❺ 取一条黄色纱带，一边做皱褶（皱褶的做法参看前面古装婚礼娃娃），一边缝在这三条边上。

❸❻ 这是缝好后的正面效果。

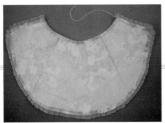

37 翻到背面，取一条针线，将上方短弧线的布边折向背面并缝一条线，先不要剪断线。然后画出左中右大约三等分的两条直线，另取两条针线，分别沿着这两条划线以平针缝，抽紧（不用太紧）后收针。

38 正面效果。

39 再将上方短弧线处的缝线抽紧。

40 然后从娃娃的腰部后方裹向前方。

41 调整好左右两边，要尽量对称，然后以针线将其缝在娃娃腰部。

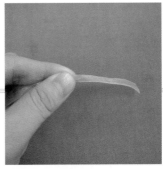

42 取一条黄色纱带，如图将短边对折。

43 将对折后的黄色纱带缝在娃娃上衣的上方。

44 下面开始做袖子。剪取两片如图所示的长方形（长为3.5cm、宽为2.5cm）花色棉布。

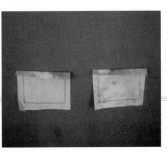

45 将上方的长边的布边折向背面。

❤46 以两条黄色纱带夹住这两条边，并缝好。

❤47 然后再将它们的下方两条长边的布边折向背面。

❤48 在这两条边上缝上两条皱褶纱带，图示为缝好后的正面和背面效果。

❤49 然后将每个布片的左右短边对折，缝合，右图为翻到正面后的效果。

❤50 按照自己的喜好，做好两条胳膊。

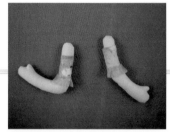

❤51 将49步中得到的袖筒套入胳膊。

❤52 再将胳膊缝在身体上即可。

❤53 下面开始做帽子。剪取两片直径约为9cm的圆布片，正面相对并朝内，缝好后翻过正面。

❤54 以对针缝合返口，熨烫一下，然后在圆布片的正中画一个直径约为3.5cm的圆。

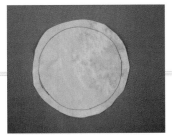

55 再剪取一片直径约为6cm的圆布片。

56 将周围的布边一边折向背面，一边用一条针线缝。

57 适当抽紧一下缝线，使布边皱起并形成一个碗状。

58 然后碗口边缘对齐步骤54中画出的圆形并以对针缝合。

59 缝好后一个帽子的雏形就出来了。

60 在帽子背面，用剪刀将圆形内部的棉布剪掉。

61 剪后的效果。

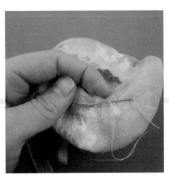

62 取一条黄色纱带，将剪掉后留下的布边夹住，并缝好。

63 缝好后的效果。

❻❹ 取一块大致是长方形的
黄色纱。

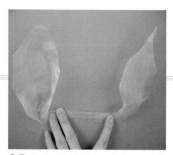

❻❺ 将中段部分折叠成细长条。

❻❻ 然后裹着帽碗的边缘，
并以热熔胶粘好。

❻❼ 另取一条浅香槟色的纱带。

❻❽ 裹在纱的外围，粘好或
缝好。

❻❾ 然后将左边的纱和纱带
一起折一下，并按压粘
在相交点。

❼⓿ 右边的也同样做，大致
形成一个蝴蝶结状。

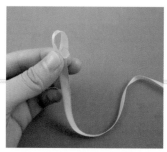

❼❶ 取一条黄色窄缎带，一
端绕个小圈并捏住。

❼❷ 再继续绕一个圈。

73 绕出若干个圈后捏在一起，并以线在下方束紧。

74 然后在下方涂胶，粘在蝴蝶结处。

75 取一段西瓜红缎带，左边一端如图所示折下。

76 然后往右再折一下，上端就作为花心。

77 将右边未折叠的缎带翻转一次。

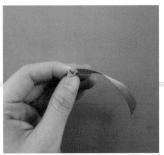

78 然后围着先前的花心约半周。

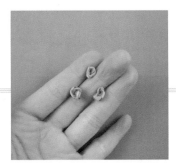

79 继续像先前一样翻转缎带，然后再绕半周，就这样循环，待做到自己需要的花朵大小时，将缎带的另一端折向下方，缝好收针，剪去多余的缎带。像这样做出3朵小花。

80 然后在花朵的底部涂胶，粘在帽饰的合适位置。

81 将小包的图纸描画在西瓜红布料的背面，左右两边留缝份，处理好布边。

82 按照步骤 19 中做布条的方法做出一段窄小的花色棉布条，缝在正面上方。

83 然后上下对折，缝合左右两边的斜线。

84 翻到正面后，熨烫一下。

85 将上方开口的边缘用黄色纱带做成皱褶缝一圈。

86 最后再取一段黄色窄缎带，粘在口的内部两侧。

87 取一截黄色缎带。

88 将左右两端都如图所示向中间弯折。

89 形成的两个弯折的地方相互交叉，并将其中一个弯折从交叉形成的圈内穿出（也就是我们平时打死结的方法），然后稍拉紧。

90 调整一下两个弯折，使其左右对称。这样一个蝴蝶结就做好了。

91 如此方法以窄的黄色缎带分别做出四个蝴蝶结，一个最大一个最小，还有两个中等且等大。

92 将最小的那个蝴蝶结粘在小包上做装饰。

93 将两个中等等大的分别粘在袖子上，最大的那个粘在衣服前面正中。

94 下面开始做发型。取如图所示的一根发条。

95 在1/3长度的地方剪断。

96 先将短的那一截拆分成三条发丝。

97 修剪掉上面杂乱的发丝，待用。

98 长的那一截发条也用手拆分，拉开发条就行了，不要分离。

99 抽取一两条长的发丝，将发条一端系紧，然后用热熔胶粘在后脑位置。

❤100 然后绕向右下方，并粘好。

❤101 在脑后接着绕越来越大的圈，绕最后一圈时要注意从前方观察一下，看发型是否美观。

❤102 正面效果。

❤103 取步骤 97 中得到的其中一条发丝，一端先用热熔胶粘在需要发型丰满的位置，然后拉伸发丝。

❤104 用胶粘好。

❤105 其他两条发丝，按照自己的设计，拉伸粘在其他需要补充头发的位置。

❤106 下面开始制作项链。将一条长钓鱼线弯折成为双线，弯折处在左边，然后穿约 18 粒小珠子。

❤107 接着，一条线上穿 2 粒，另一条线上穿 5 粒珠子。

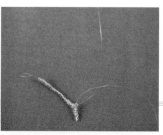

❤108 将穿 5 粒的那条线头先折回穿过第二到第四颗珠子后，继续穿过另一条线上的最端点的那颗珠子。

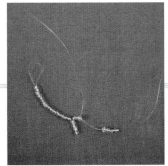

109 再在其中一条线上穿 2 粒珠子，另条线上穿 6 颗珠子。

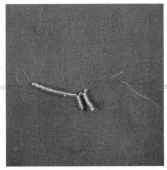

110 将穿 6 粒的那条线头先折回穿过第二到第四颗珠子后，继续穿过另一条线上的最端点的那颗珠子。

111 继续如步骤 107、108 的方法穿珠子。

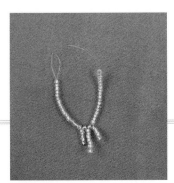

112 然后两线合并，穿 17 粒珠子。

113 给娃娃戴上，在后颈位置线打死结，用火机烧结一下钓鱼线。

114 给娃娃画上眼睛，涂好腮红。这样一个小贵妇娃娃就做好了。

黛玉葬花

黛玉葬花，身体制作同韩服女娃娃，胸部制作同纸巾盒娃娃。

❤1 剪出上衣的两片对称布片，图示为反面朝上。

❤2 以平针缝接后背中线，图示为正面。

❤3 将两段花边缝在袖口直线上。

❤4 上下对折，正面朝内，缝合袖子及衣服左右侧线。

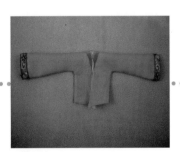

❤5 翻到正面，熨烫。

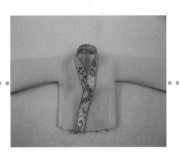

❤6 将领窝缝上一圈花边。

❤7 准备一条皱褶的纱质花边。

❤8 缝在花边的上缘内侧。

❤9 给娃娃穿上，腰部位置用针线适当地缝一下，使其不要松开。

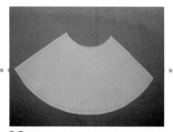

⑩ 剪取一片白棉布作为下裙片。

⑪ 准备一段皱褶的花边。

⑫ 将其上缘和10步中裙片的下面长弧线缝合。

⑬ 左右对折，缝合两条直线及皱褶花边的首尾。

⑭ 翻到正面后，给娃娃穿上，腰处粗略缝一下，使其不掉下。

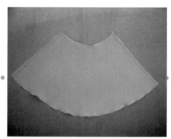

⑮ 剪取一片绿色布料做下裙。

⑯ 左右对折，正面朝内，缝合两条直线边。

⑰ 给娃娃穿上。

⑱ 剪取一块长方形绿色布料。

19 将两条长边方向的布料在三等分处往中间折叠，用针线在横向正中线处缝一条线。

20 将下方的长边和一段花边的下缘对齐缝好，这样腰带就做好了。

21 将腰带给娃娃从前往后围在腰间，在背后正中交叠，压在上面的那端边缘折入约 4mm, 然后和压在下面的花边以对针缝合。

22 取一段白色流苏线，在腰间系一个蝴蝶结。

23 下面开始制作披肩，剪取一片浅绿色布料。

24 在左右两个边缘用丙烯颜料画出自己喜欢的花纹。

25 将下方的弧线用针线粗略缝一下，抽出皱褶。

26 用浅黄色缎带夹住边缘，并以平针缝合。

27 给娃娃披上，并以黄色针线将其缝在衣领周围。

28 取两束毛线，将其中一束在中点处系紧。

29 取一条针线，用黑色双线，线尾打结，针从脑后扎入，从额头扎出。

30 把线抽出来。

31 把没有在中点系线的那束毛线横放在头顶，左右等长。

32 然后针从原来入针的地方扎入，按照原来穿出的轨迹，重复两三次后收针。

33 将另一束中点处系了线的毛线粘在脖子背后，图示为娃娃背面。

34 往上把毛线捋在一起，整理好。

35 编结成辫子，线尾系紧，修剪整齐。

36 然后从正面看，使发辫往右方，从发尾开始卷。

❸❼ 边卷边用胶粘，以免卷曲松开。

❸❽ 卷至头顶处后粘好。

❸❾ 在左右两边各留出几根毛线，将其他的毛线都拢至脑后。

❹⓿ 并在背后交叉。

❹❶ 在发束根部用线系紧。

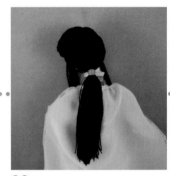

❹❷ 缠上绿色线。

❹❸ 将第 39 步中留出的两绺毛线也用绿色线缠在一起。

❹❹ 修剪发尾至想要的长度。

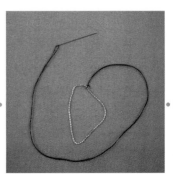

❹❺ 取一条银色珠链，将首尾交叠处用黑色缝纫线绑住。

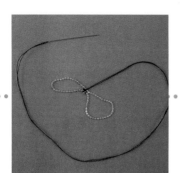

46 将珠链放置成为8字，并在中间重叠的位置用线系好。

47 然后缝在发型上。

48 再取几粒各色小平钻粘上，围成小花朵样子。

49 用针线穿几粒绿色和黄色的珠子，缝在头上。

50 取一朵米色小花，再用大头针穿几粒珠子，上方将针打弯钩。

51 用针线穿过弯钩，把它缝在小花朵的下方。

52 再将花朵一侧涂热熔胶，粘在头上。

53 给娃娃画上表情。

54 剪取花纹锦缎的相互对称的两块鞋面（图示为背面朝上）。

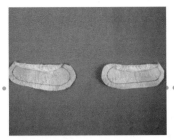

55 将它们的上方布边沿着直线折向背面缝好。

56 然后将两片锦缎正面相对，缝合曲线。

57 翻到正面，用同样方法再做另一只鞋。

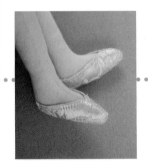

58 给娃娃穿上。

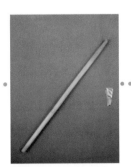

59 从易拉罐上剪一片铁皮，再取一根一次性筷子。

60 将铁皮钻个孔，再将筷子上涂上丙烯颜料。

61 将筷子细的一端扎入铁皮孔中，这样一个小花锄就做好了。

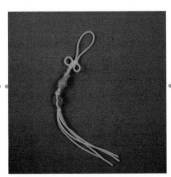

62 前面的蝴蝶结也可以换成穿有小玉器的配件。

63 塞入腰带，用胶粘或者针缝一下固定。

64 这样，整个娃娃就做好了。

天使新娘

本款娃娃的尺寸都在文字中有所说明，因此无图纸。

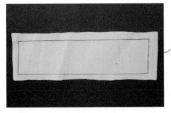

❤1 在白色亮缎布料背面画一个长为12cm、宽为3cm的长方形，周围留约5mm缝份剪下。

❤2 将四周的布边沿着划线折向背面，并以细匀平针缝好。

❤3 取两根长为4.5cm的白色宽缎带（宽约为1cm），两端再多留约5mm。

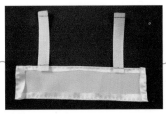

❤4 将这两根白色缎带缝在步骤2的一条长边上，分别距离左右端点1.6cm~1.8cm。

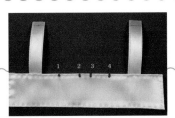

❤5 这是缝好后的正面效果图，然后用消去笔做出红点所示的标记，其中第一个和第四个点，分别距离左右两端布边约4.2cm，中间两个点分别距离左右两端布边约5.5cm，待用。

❤6 取白色皱褶花边（宽约为5.7cm）两截，每截下方自然长度约为4.5cm。以右边的那截花边为例，将下方的花边往右上方斜着剪掉，斜度为右边那条竖向边比原来短约1.5cm，用相同方法将左边那截与之对称裁去左下角部分，如图红色虚线所示。

❤7 以右边那截花边为例，取白色针线，沿着距离下方斜边约3mm的位置，用平针缝一条线。

❤8 拉住线，使斜边上的布皱褶总长约为2.3cm，然后将其缝在红点2和红点4之间，收针，然后沿着距离花边上缘约5mm的位置，再用平针缝一条线。

❤9 拉住线使花边皱在一起，使皱褶后的长度为1cm，收针。

❿ 与右边的缎带划线缝合，缝在缎带的正面。

⓫ 缝好后的右侧面图。

⓬ 用同样方法制作好左边部分。

⓭ 先给娃娃试穿一下，如哪条边（竖向）不合身，比如长出了一些，那么可以将其向下拉短，长出的部分缝在下方背面。

⓮ 取长约为 14cm 的花边（宽约为 5cm），边缘上的花型部分要左右对称。

⓯ 将其放置在 12 步中的长方形布片上，并将上方直线位置缝在布片上。

⓰ 然后再将其他三边折向背面，缝好。

⓱ 剪取小链条钻两截。

⓲ 将其缝在上衣的肩头位置，给娃娃穿上上衣，在背后脊柱处交叠，确定出按扣的位置，做个记号。

⓳ 剪出两块长方形亮缎布，周围都要留布边，一块为55cm×18cm，另一块为55cm×15cm，图示为反面。

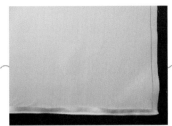

⓴ 将这两个长方形下方的长边布边沿着划线折向背面，并以细匀平针缝好。

㉑ 翻到正面后，将这两条长边分别缝上一条花边。

㉒ 然后在宽为15cm的那个长方形的长边上，做出4个五等分点，并画出如图所示的紫色垂直线，每条线长为6cm。

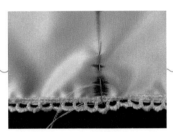

㉓ 取针线，沿着其中一条划线以平针缝。

㉔ 拉紧线后，把布推在一起，使布皱起，收针，其他三条线也同样处理。

㉕ 然后将宽度为18cm的长方形缎布放置在这块长方形缎布下方，均为正面朝上，并对齐上方的长边。

㉖ 取一条针线，沿着上方长边划线缝，然后使布皱在一起，皱起后的长度约为11cm。

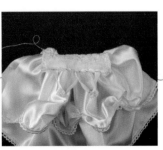

㉗ 将上衣部分反面朝上，下方直线边对齐刚才皱起后的长边，并缝合在一起（从一端的顶点开始缝）。

❷❽ 这是缝好后的整体效果图（正面效果）。

❷❾ 左右对折，布的正面朝内，使宽度为15cm的那块长方形缎布的左右两条短边对齐，并缝合，如图红色虚线所示。

❸⓿ 然后再对齐宽度为18cm的那块缎布的两条短边，并缝合，如红色虚线所示。

❸❶ 缝好后，翻到正面，这是背后图，订缝按扣即可。

❸❷ 给娃娃穿上裙子，整理好裙摆，将下裙的上层裙皱褶的结点处订缝在下裙上，并订缝一粒手缝钻。

❸❸ 取长约25cm的马海毛毛线90根，使其成为一束，在中点用一根线系紧。

❸❹ 对折。

❸❺ 使对折后的毛线成为一束，并在对折点处用线绑紧，如图白色线所示。

❸❻ 然后将其用热熔胶粘在脑后。

37 这是正面效果。

38 将毛线铺开，均匀散布。

39 这是俯视效果。

40 将正前方的毛线整理好。

41 再将其左右分开。

42 将左边那绺毛线用左手捏住做顺时针旋转，并在红叉所示位置点胶粘好。

43 将右边那绺毛线用右手捏住做逆时针旋转，并在右边红叉所示位置粘好。

44 然后把这两绺毛线合并在其他毛线中，并均分为左、右、后方三份，后方的那份可以稍多点。

45 取右边部分的毛线往左拉，然后在红色点所示位置用线系紧。

46 剪去红点下方多余的毛线。

47 将尾端往上翻折，并涂胶粘在右耳处。

48 将左边那部分毛线往右拉，并在白色点所在位置用线绑紧。

49 剪去多余毛线。

50 将尾端往上翻折，并涂胶粘在左耳处。

51 将后背的毛线分开为两份。

52 将每份分别用线绑紧，如图白色点所示。

53 剪掉多余毛线。

54 分别往内上方翻折，并涂胶粘好。

55 准备一些小花朵。

56 先在左右鬓角的头发上各粘3朵。

57 再将其他花朵粘上，也可根据自己喜好来粘不同造型。

58 给娃娃画上眼睛，涂好腮红。

59 整个娃娃就做好了。

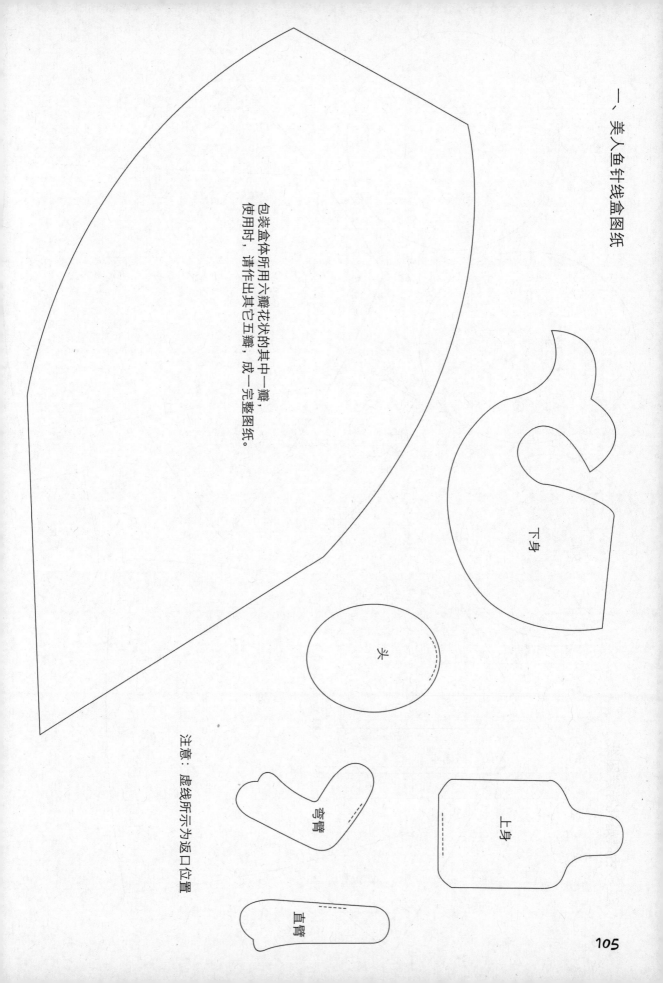

包装盒体所用六瓣花状的其中一瓣，
使用时，请作出其它五瓣，成一完整图纸。

下身

头

上身

弯臂

直臂

注意：虚线所示为返口位置

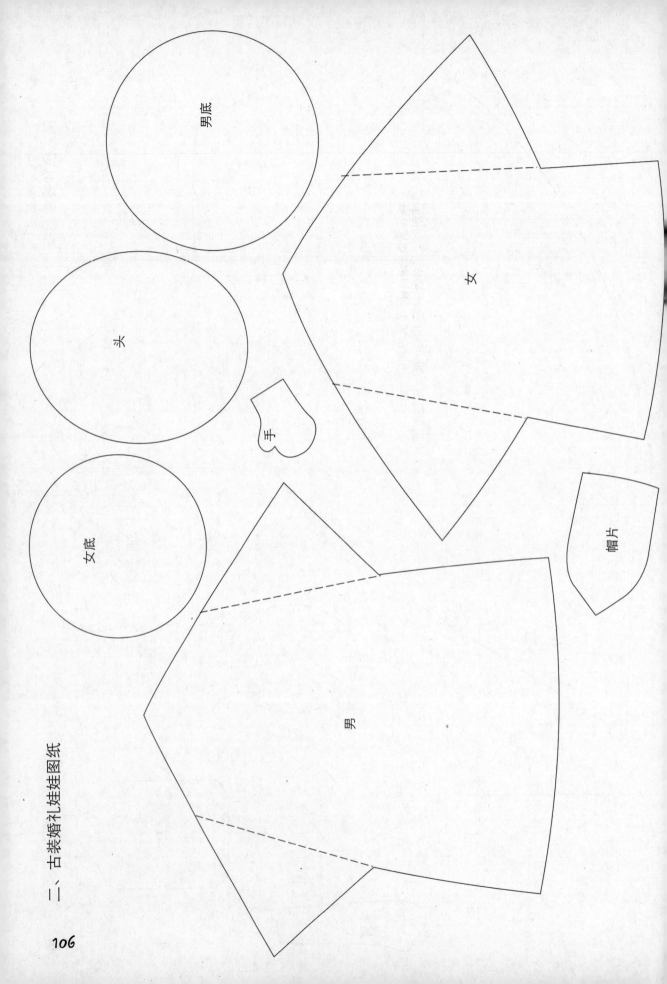

二、古装婚礼娃娃图纸

男底

头

女底

女

手

帽片

男

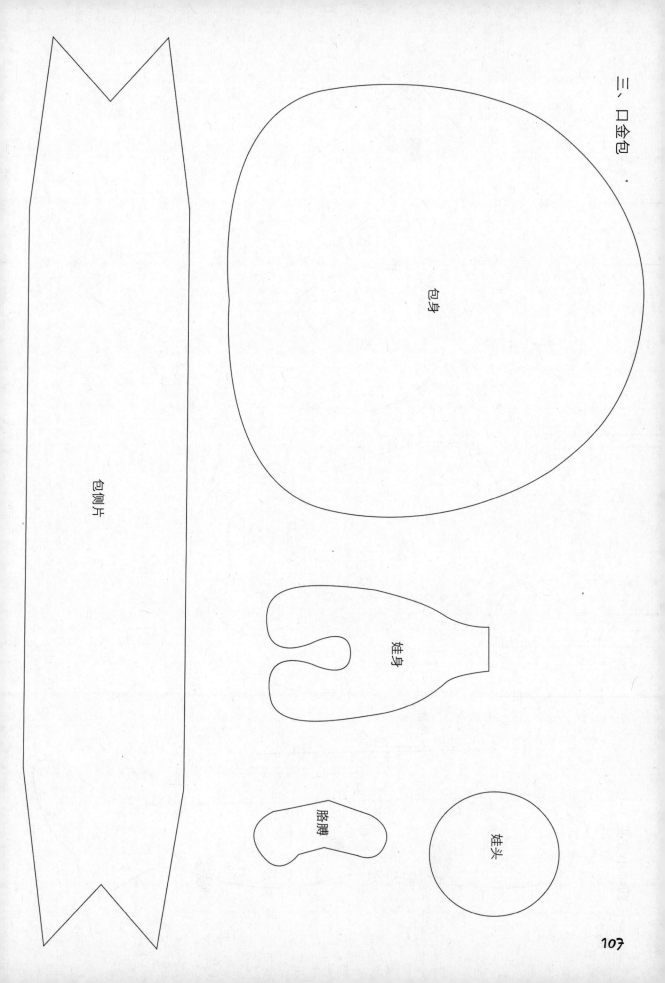

三、口金包

包身

包侧片

娃身

胳膊

娃头

四、小女巫 1

弯腿

头

身体

胳膊

腿

108

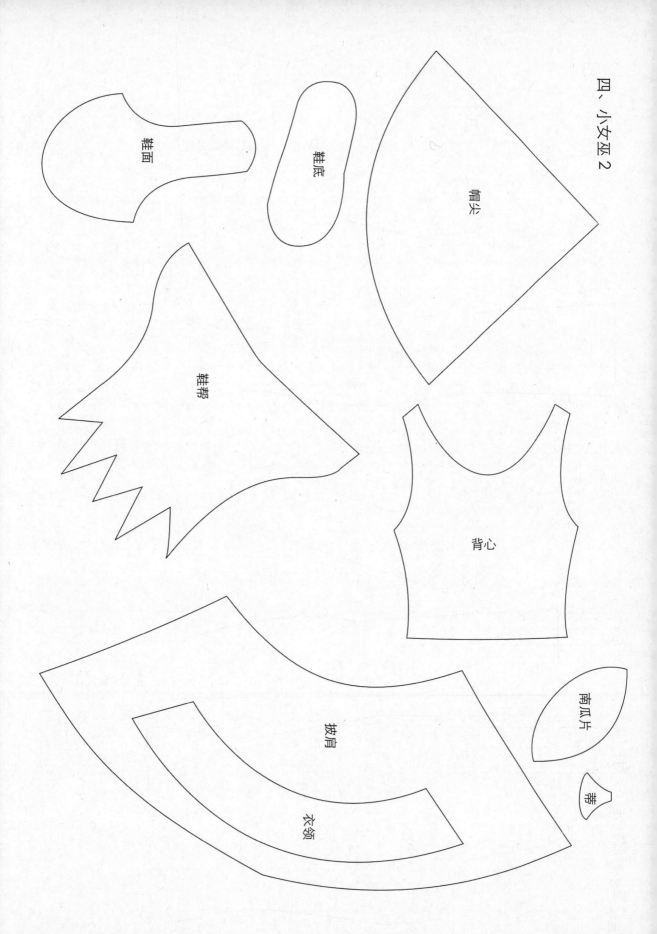

鞋面

鞋底

帽尖

鞋帮

背心

南瓜片

蒂

披肩

衣领

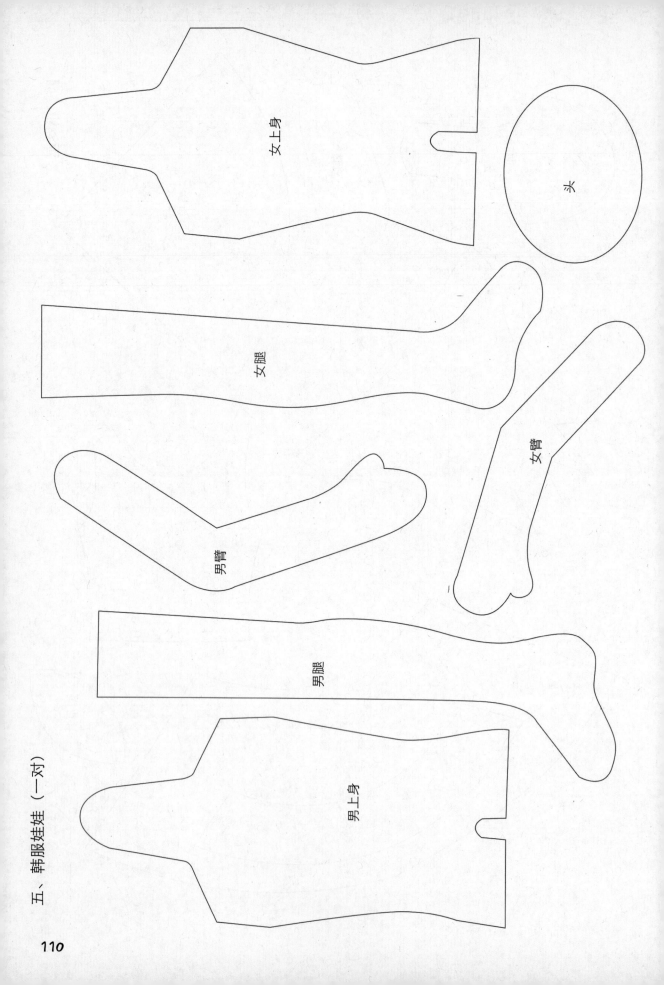

五、韩服娃娃（一对）

女上身

头

女腿

女臂

男臂

男腿

男上身

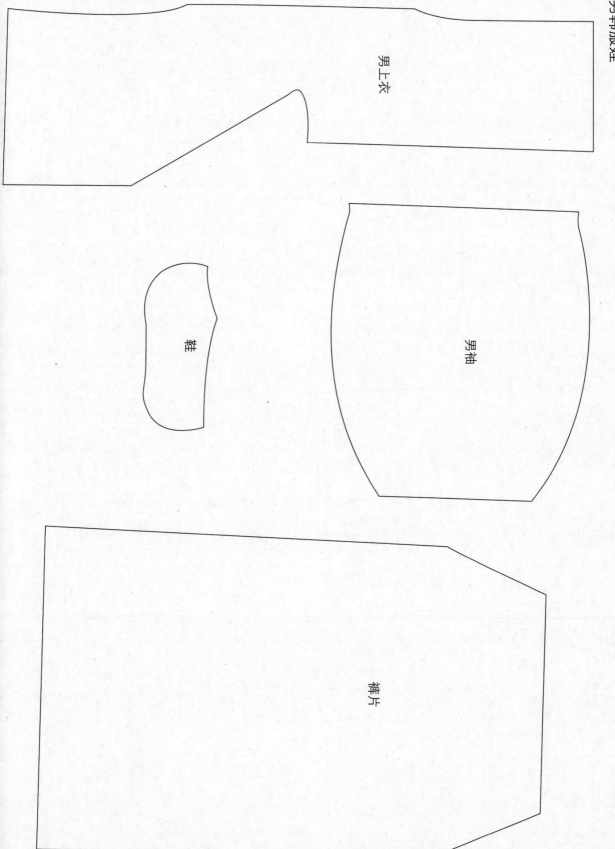

男上衣

男袖

鞋

裤片

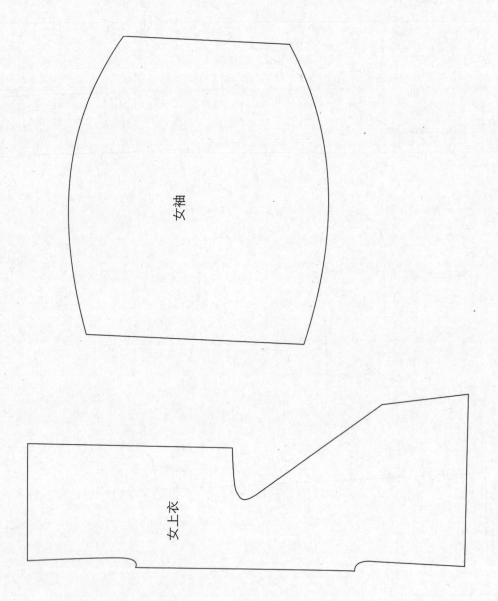

女袖

女上衣

女韩服娃

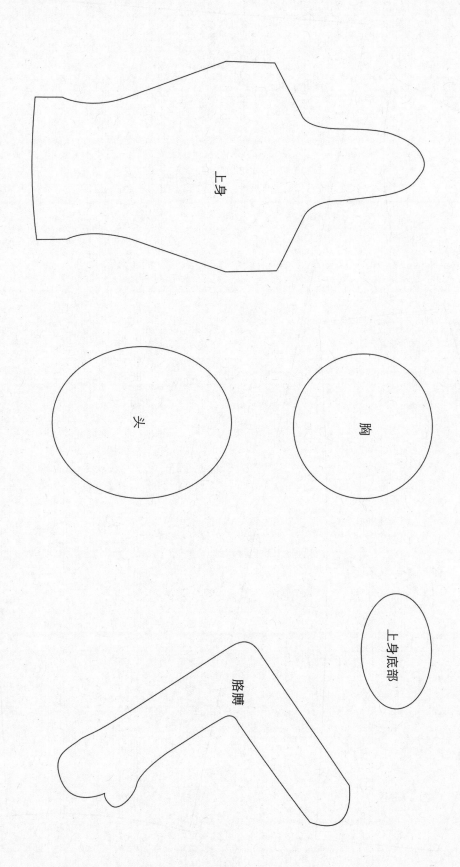

上身

头

胸

上身底部

胳膊

包包

左右裙片

上衣

下裙外层裙片
（此为一半，请以虚线为对称轴
作出另一半，组成整片裙片）

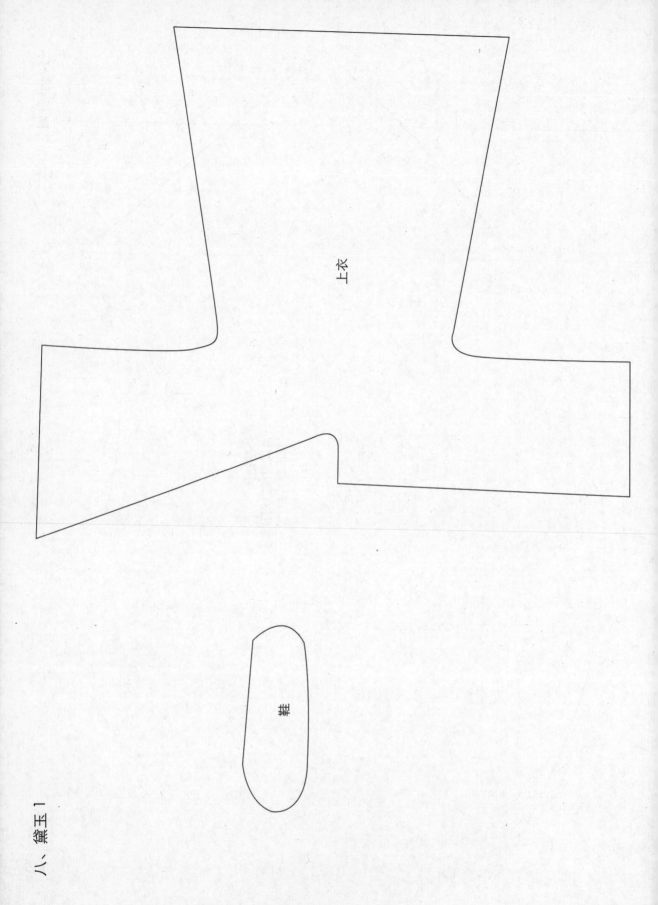

上衣

鞋

八、黛玉 1

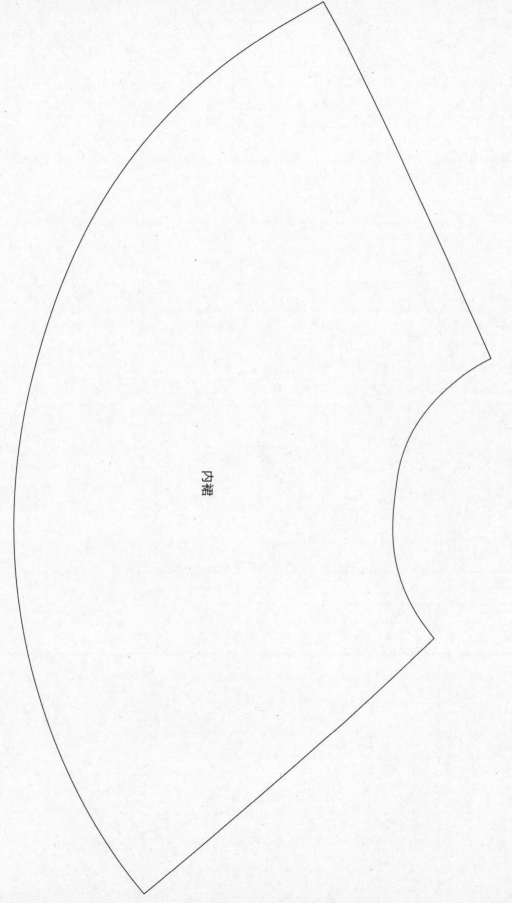

内襟

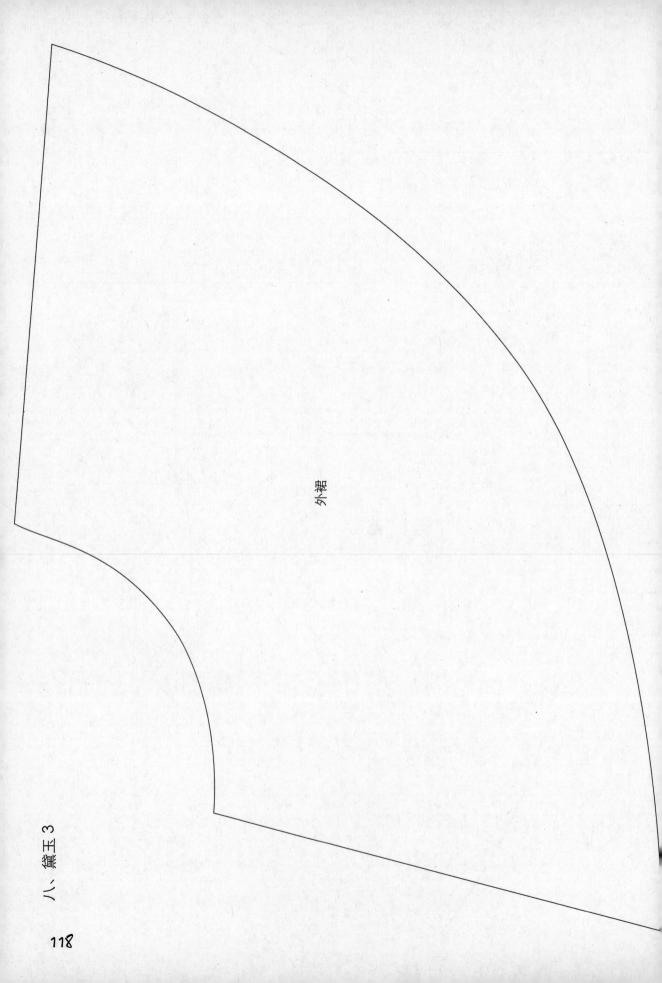

八、黛玉 3

外裙

披风的一半